Wie viele Blätter hat ein Baum? How many leaves does a tree have?

Sixtus Kage

Wie viele Blätter hat ein Baum? How many leaves does a tree have?

Eine Kinderfrage als Zugang zur Forschung über Baumwachstum.
A Child's Question as an Access to Research into Tree Growth.

Erste Auflage. First Edition

2025

Korrekturen und Vorschläge sind immer willkommen.
Corrections and suggestions are always welcome.

Kontaktmöglichkeiten
Contact

Sixtus Kage   Sixtus Kage   e-mail: sixtus.kage@web.de
Postfach 801066   PO Box 801066
81610 München   81610 Munich
Deutschland   Germany

Bibliografische Information der Deutschen Nationalbibliothek: Die Deutsche Nationalbibliothek verzeichnet diese Publikation in der Deutschen Nationalbibliografie; detaillierte bibliografische Daten sind im Internet über dnb.dnb.de abrufbar.

Verlag: BoD · Books on Demand GmbH, In de Tarpen 42, 22848 Norderstedt, bod@bod.de
Druck: Libri Plureos GmbH, Friedensallee 273, 22763 Hamburg

ISBN: 978-3-7693-2643-7

A Inhaltsverzeichnis / Table of Contents **5**

B Deutscher Text **6**

1 Einleitung 6
2 Die Zahl der Blätter einer Durchschnittsbuche auf einem Stadtgrundstück 7
2.1 Berechnung mit Hilfe der Methode der Fermi-Frage 7
  2.1.1 Schätzung aufgrund plausibler Annahmen 7
  2.1.2 Allgemeines zu Fermi-Fragen und ihrer Beantwortung 8
2.2 Berechnung mit Hilfe des im Herbst abgeworfenen Laubes 9
  2.2.1 Berechnung mit dem Volumen des abgeworfenen Laubes 9
  2.2.2 Abschätzung der Unsicherheit 10
  2.2.3 Verbesserungsmöglichkeiten 12
2.3 Berechnung mit dem vermutlichen jährlichen Holzzuwachs 13
  2.3.1 Anwendung durchschnittlicher Kennzahlen aus deutschen Forsten 13
  2.3.2 Abschätzung der Unsicherheit 14
  2.3.3 Verbesserungsmöglichkeiten 15
3 Aktuelle Forschung zu Photosynthese und Baumwachstum 15
  3.1 Photosynthese und Produktion von Biomasse 15
  3.2 Auswirkungen des Anstiegs der Kohlendioxidkonzentration 16
  3.3 Bäume auf dem Stadtgrundstück verglichen mit Bäumen im Forst 16
4 Was nützen unsere Berechnungen? 19

C English Text **20**

1 Introduction 20
2 The number of leaves of an average beech tree on a city property 21
2.1 Calculation using the method of Fermi questions 21
  2.1.1 A rough estimate based on plausible assumptions 21
  2.1.2 General remarks on Fermi questions and their answers 22
2.2 Calculation based on the leaves shed in autumn 23
  2.2.1 Calculation based on the volume of the leaves shed 23
  2.2.2 Estimation of the uncertainty 24
  2.2.3 Possible improvements 26
2.3 Calculation based on the wood presumably added in a year 26
  2.3.1 Application of average growth indices of German forests 26
  2.3.2 Estimation of the uncertainty 27
  2.3.3 Possible improvements 28
3 Current research on photosynthesis and the growth of trees 29
  3.1 Photosynthesis and production of biomass 29
  3.2 Effects of an increase in carbon dioxide concentration 29
  3.3 Trees on the city property compared to trees in a forest 30
4 What is the point of our calculations? 32

D Abbildungen / Figures **33**

E Literaturverzeichnis / Bibliography **34**

F Klappentext: Büchlein und Autor / Blurb: Booklet and Author **36**

B Deutscher Text

1 Einleitung

Wieviele Blätter hat ein Baum? Diese Frage ist so allgemein nicht zu beantworten. Wir müssen die Art des Baumes, sein Alter, seine Höhe und seinen Standort angeben. Dann können wir die Frage näherungsweise beantworten. In dieser Fallstudie betrachten wir etwa sechzig Jahre alte Buchen auf einem Stadtgrundstück in München. Der Anlaß [Ich benutze die alte Rechtschreibung.] zum Schreiben dieses Textes war, daß im November 2024 von einem Grundstück in meiner Nachbarschaft das herabgefallene Herbstlaub abgeholt wurde.

Die Ladefläche des dazu verwendeten Lastwagens (Abbildung 1 in Abschnitt D) hatte ein Volumen von schätzungsweise 2m*8m*0,5m=8m³, nach Auskunft des Fahrers genau 9,9m³. Da am Ende des Beladevorgangs die aufgelegte Plane an einigen Stellen einsackte, sind 9m³ ein guter Schätzwert für das Volumen des zusammengeharkten Laubes. Da ich mich an eine wissenschaftliche Arbeit erinnerte, die ich vor einigen Jahren gelesen hatte (Jordan 1971), sah ich sofort die Gelegenheit, eine kleine Fallstudie des quantitativen Denkens zu schreiben. Wir werden weiter unten erkennen, wozu wir die genannte Arbeit (Jordan 1971) brauchen. Das von mir aufgenommene Bild eines der Bäume auf dem betrachteten Stadtgrundstück (Abbildung 2 in Abschnitt D) zeigt einen Baum, der nach meiner Einschätzung seines Holzvolumens die durchschnittliche Buche auf dem Grundstück sein könnte. Für diese durchschnittliche Buche sollen gut begründete Schätzwerte der Zahl ihrer Blätter im Sommer ermittelt werden. Diese Zahlenwerte sollen überprüft werden, indem wir die Zahl der Blätter aus durchschnittlichen Kenngrößen von Buchen in Deutschland errechnen. Werte für diese Kenngrößen entnehmen wir der wissenschaftlichen Literatur (Jordan 1971; Smil 2008). Zusätzlich soll mit Hilfe einer Fehlerabschätzung dargestellt werden, wie genau wir die von uns berechneten Zahlenwerte kennen. Darüberhinaus wird eine neue Forschungsarbeit zum Thema Baumwachstum betrachtet (Norby, Loader u.a. 2024). Es soll gezeigt werden, wie unsere kleine Fallstudie zu den Bäumen auf einem Stadtgrundstück ermöglicht, die Ergebnisse der Forschungsarbeit mit unserer Alltagserfahrung in Verbindung zu bringen. Überraschenderweise werfen zum Beispiel die von uns untersuchten Stadtbäume ungefähr so viel Laub pro Quadratmeter Landfläche ab wie die Bäume aus der Forschungsarbeit. Schließlich sprechen wir die Frage an, warum die hier dargestellten Methoden ganz allgemein nützlich sind.

2 Die Zahl der Blätter einer mittleren Buche auf einem Stadtgrundstück

2.1 Grober Schätzwert mit Hilfe der Methode der „Fermi-Frage"

2.1.1 Schätzung aufgrund plausibler Annahmen

Die Frage lautet: Wie viele Blätter hat der abgebildete Baum (Abbildung 2 in Abschnitt D) im Sommer? Diese quantitative Frage aus der Alltagsumwelt soll ausschließlich mit Hilfe plausibler Annahmen beantwortet werden. Dies ist in aller Kürze die Methode der „Fermi-Frage" (Morrison 1963: 627; Giancoli 2019: 15; Giancoli 2023: 35).

Betrachtet man den Baum auf meinem Foto, so könnte man eine Höhe von etwa 16m vermuten. Die Kreisfläche, die der Baum auf dem Grundstück einnimmt, könnte 3m Radius haben. Ein gedachter Quader (siehe Abbildung 3 in Abschnitt E), der den Baum vollständig einschließt, hat dann eine Höhe von 16m, eine Länge von 6m und eine Breite von 6m. Seine Seitenflächen und die Deckfläche oben haben folgende Größe:

$$A_{Quader} = 4 \cdot 6m \cdot 16m + 6m \cdot 6m = 6m^2 \cdot \left(4 \cdot 16 + 6\right) = 6 \cdot (64 + 6)m^2 = 6 \cdot 70m^2 = 420m^2$$

Das Ausklammern des Faktors 6m² soll das Rechnen erleichtern. Auch die Wahl eines Quaders statt eines den Baum umschließenden Zylinders dient diesem Zweck. Das Ziel sollte nämlich sein, solche Schätzwerte schnell im Kopf ausrechnen zu können. Denkt man sich diesen Quader ohne Bodenfläche lückenlos mit Blättern bedeckt, so könnten diese 420m² ungefähr der gesamten Blattfläche des Baumes im Sommer entsprechen. Betrachtet man den Baum im Sommer, so hat man folgenden Endruck: Vom oberen Baumstamm in jeder Richtung waagerecht ausgehende Strahlen würden etwa zwei Blätter durchdringen. Ein genaueres Modell der Blattdecke, zum Beispiel ein Zylinder-mantel von 3m Radius und 11m Höhe kombiniert mit einer Halbkugel von 3m Radius (siehe Abbildung 3 in Abschnitt E) sollte dann einen Flächeninhalt haben, der etwa die Hälfte des Flächeninhaltes des Quaders bildet. Dies trifft zu:

$$A_{Zylinder\_und\_Halbkugel} = 2 \cdot \pi \cdot 3m \cdot 11m + 2 \cdot \pi \cdot \left(3m\right)^2 = 264m^2 = 420m^2 / 1,59$$

In einer Sammlung biologischer Daten findet man für eine typische Buche eine gesamte Blattfläche von von 446m² (Flindt 2003: 136; Flindt 2006: 136). Unser grober Schätzwert von 420m² liegt sehr nahe beim Tabellenwert.

Ein durchschnittliches Buchenblatt könnte schätzungsweise ein Quadrat mit 5cm Sei-tenlänge bedecken. Also hat es grob einen Flächeninhalt von

$$A_{Blatt} = 5cm \cdot 5cm = 25cm^2.$$

Da ein Quadratmeter einem Quadrat mit 1m=100cm Seitenlänge entspricht, kann man m² in cm² ausdrücken: $1m^2 = 1m \cdot 1m = 100cm \cdot 100cm = 100 \cdot 100 \cdot cm^2 = 10000cm^2$.

Ein grober Schätzwert für die Zahl N der Blätter des betrachteten Baumes ergibt sich, indem man die Quaderoberfläche A_{Quader} durch die Blattoberfläche A_{Blatt} teilt:

$$N = \frac{420m^2}{25cm^2} = \frac{420 \cdot 100 \cdot 100 \cdot cm^2}{25cm^2} \approx \frac{425 \cdot 100 \cdot 4 \cdot 25cm^2}{25cm^2} = 425 \cdot 100 \cdot 4 = 170000$$

Wir haben hierbei die 420m² in Faktoren zerlegt, um die 25cm² kürzen zu können. Außerdem haben wir den Schätzwert 420 durch den Schätzwert 425 ersetzt, um bequemer rechnen zu können. Denn wir möchten im Sinne einer „Straßenkampf-Mathematik" (Mahajan 2010) solche Schätzwerte schnell im Kopf ausrechnen, um bei Gesprächen über quantitative Schätzwerte sofort zeigen zu können, wer der Boss ist. Die anderen werden ein bis zwei Minuten später mit Hilfe ihrer Mobiltelefone ähnliche Werte für die Zahl der Blätter eines Baumes nennen können. Wir sind aber schneller und zusätzlich auch noch rationaler. Denn wir können unseren Schätzwert begründen. Zusätzlich können wir auch mit unserer, leicht abgewandelten Methode zu begründeten Schätzwerten gelangen, die für größere, kleinere oder anders geformte Bäume gelten (Siehe zum Beispiel Kage 2024: 116).

Unser Schätzwert für die Zahl der Blätter des durchschnittlichen Baumes auf dem betrachteten Stadtgrundstück beträgt also 170000. In der Datensammlung des Professors Flindt findet man für die Zahl der Blätter einer nicht näher beschriebenen Buche den Bereich von 35000 bis 200000 (Flindt 2003: 136; Flindt 2006: 136). Unser Schätzwert von 170000 liegt in diesem Bereich.

2.1.2 Allgemeines zu Fermi-Fragen und ihrer Beantwortung

„Fermi-Fragen" und die Antworten darauf sind „Abschätzungen von groben, aber quantititativen Antworten auf unerwartete Fragen zu vielen Gesichtspunkten der natürlichen Umwelt" (Morrison 1963: 627, übersetzt von SK). Als Standardbeispiel gilt die Frage: „Wieviele Klavierstimmer gibt es in Chicago" (Morrison 1963: 627, übersetzt von SK). Eine vollständig durchgerechnete Antwort am Beispiel der Stadt San Francisco einschließlich einer Überprüfung an der Wirklichkeit liefert Giancoli auf Deutsch (Giancoli 2019: 15) und auf Englisch (2023: 35). Der berühmte Physiker Enrico Fermi (1901-1954) ist der Namensgeber der „Fermi-Fragen" und gilt als Meister im Stellen und Beantworten interessanter Fragen dieser Art. Als eigentliche Fermi-Fragen und zugehörige Antworten zählen nur solche, die man erstmals hört und mit einem minimalen Aufwand an Vorwissen bearbeitet (Morrison 1963: 627). Man sollte auch in der Lage sein, die Antwort auf eine solche Frage nach etwas Übung im Kopf zu bestimmen. Im Abschnitt 2.1.1 haben wir daher eine Fermi-Frage gestellt und beantwortet. Die Physiker Weinstein und Adam haben zahlreiche solcher Fragen bearbeitet (Weinstein & Adam 2008; Weinsten 2012). Wenn man etwas mehr Vorwissen zur Beantwortung der Frage benötigt, spricht man auch von „back-of-the-envelope"-Rechnungen (Swartz 2003), also Berechnungen auf der Rückseite eines Briefumschlages (oder einer Papierserviette). Probleme solcher Art sind zwar nicht mehr so leicht im Kopf zu bearbeiten, erfordern aber dennoch nicht viel Rechenaufwand. In Deutschland gibt es Schulbücher ab Klasse 5 (z. B.: Gilg, Kleine, Weixler & Weixler 2017: 62f) und Aufgabensammlungen (Pommeranz 2016), die Fermi-Fragen stellen und Methoden zu ihrer Beantwortung lehren. Miteinander verküpfte Abschätzungen aus dem Alltagsleben bietet das Buch von Kage (Kage 2024), dessen Inhaltsverzeichnis im Internet frei zugänglich ist. Man suche auf den Netzseiten www.amazon.de oder www.bod.de nach „Sixtus Kage". Fermi-Fragen oder „back-of-the-envelope"-Rechnungen sind als erster Zugang zu einem quantitativen Problem unabdingbar. Sie erlauben nämlich, mit wenig Aufwand und gut überprüfbar herauszufinden, wie groß die Zahlenwerte näherungsweise sein müssen, welche sich aus einer komplizierteren Berechnung oder einer geplanten Messung ergeben werden. Man weiß allerdings nicht, wie groß der Schätzfehler ist oder in welchem Bereich die zu erwartenden Ergebnisse einer Messung oder komplizierteren Berechnung liegen müssen. Die folgenden Abschnitte zeigen, wie man vorgehen kann, wenn man das herausfinden möchte.

2.2 Berechnung mit Hilfe des im Herbst abgeworfenen Laubes

2.2.1 Berechnung mit dem Volumen des abgeworfenen Laubes

Wir nutzen das Wissen über das Volumen des abgeworfenen und abtransportierten Laubes, nämlich 9m³. Wir teilen das Volumen der Ladung, abzüglich des Anteils an Luft, durch das Volumen eines trockenen Blattes mittlerer Größe. Damit erhalten wir einen Schätzwert für die Zahl N_L der Blätter auf der Ladefläche des Lastwagens.
Es wurde ein trockenes Blatt mittlerer Größe ausgewählt und mit Lineal und Schiebelehre vermessen. Dieses Blatt hat 24cm² Fläche und 0,4mm Dicke, also ein Volumen von 24cm²*0,4mm=24cm²*0,4*0,1cm=0,96cm³, gerundet 1,0cm³. Wir nehmen als

Dichte des trockenen Blattes 0,35g/cm³ an, einen Schätzwert für Heu (Kage 2024: 49). Also beträgt die Masse des trockenen Blattes 1,0cm³*0,35g/cm³=0,35g.

Die Ladung des Lastwagens enthält 60% Luft. Dies wurde experimentell ermittelt, indem zusammengekehrtes Laub in einen Plastikeimer gefüllt und dann zusammenge-drückt wurde. Daher bestehen 40% der 9m³ Ladung aus Blättern ohne Luft. Wir teilen dieses Volumen, 0,4*9m³=0,4*9000L=0,4*9000*1000cm³=3600*1000cm³, durch das Volumen eines Blattes, 1,0cm³, und erhalten damit als Zahl der Blätter auf der Lade-fläche N_L=3600*1000=3,6 Millionen. Auf dem betrachteten Gelände, von dem die Lastwagenladung Laub abtransportiert wurde, stehen 22 Laubbäume, weit überwiegend Buchen. Dabei behandeln wir die zwei Ahornbäume und die ca. 100m lange Buchen-hecke auch wie Buchen.

Für die Zahl der Blätter eines durchschnittlichen Baumes auf dem Gelände erhalten wir somit 3,6 Millionen/22 = 163636, also rund 164000 Blätter. Dieser Schätzwert liegt sehr nahe bei dem oben ermittelten Wert von 170000.

Als mittlere Blattoberfläche pro Baum erhalten wir 164000*24cm²=393m², also rund 400m². Dieser Wert liegt auch sehr nahe bei unserem obigen Schätzwert von 420m².

Die Blätter haben eine Masse von 3,6 Millionen mal 0,35g, also 3,6 Tausend mal 0,35kg, also 3600*0,35kg=1260kg. Die mittlere Masse der abgeworfenen Blätter pro Baum beträgt 1260kg/22=57kg. Die Stadtbäume stehen auf einer Freifläche von ca. 3000m². Damit ergibt sich für das abgeworfene Laub 1260kg/(3000m²)=420g/m². Da die Äste benachbarter Buchen sich teilweise berühren, kann man fast dieselbe Zahl von Bäumen pro Flächeneinheit annehmen wie in einem Forst. Für 85 Jahre alte Buchen in Dänemark wird eine Laubproduktion von 390g/m² angegeben (Jordan 1971: 428). Unser Wert für die Bäume in der Stadt ist daher glaubwürdig und stützt die übrigen Berechnungen.

2.2.2 Abschätzung der Unsicherheit

Die Zahl N der Blätter pro Baum ergibt sich aus dem geschätzten Laubvolumen auf der Ladefläche, V_L, dem prozentualen Anteil b des Blattvolumens daran und der Dicke und Fläche eines Blattes A_B. Wir nehmen eine fehlerfreie und für alle Blätter repräsentative Dickenmessung an, d_B=0,4mm, und berücksichtigen dies durch eine großzügige, also pessimistische Fehlerzuweisung bei der Blattfläche.

Wir machen folgende Annahmen zur Unsicherheit der in die Berechnung eingehenden Größen: Das Laubvolumen auf der Ladefläche beträgt V_L=9m³, kann aber zwischen

8,5m³ und 9,5m³ liegen. Der Flächeninhalt eines durchschnittlichen Blattes beträgt A_B=24cm², kann aber zwischen 22cm² und 26cm² liegen. Der Volumenanteil des Laubes inder Ladung beträgt b=0,4, kann aber zwischen 0,35 und 0,45 liegen.

Man erhält die Zahl N der Blätter pro Baum, indem man das Gesamtvolumen der Blätter auf der Ladefläche (ohne den Luftanteil) dividiert durch das Volumen eines mittleren Einzelblattes und durch die Zahl der Bäume.

$$N = \frac{b * V_L}{A_B \cdot d_B * 22}$$. Um den größtmöglichen Wert für N, N_{max}, zu erhalten,. setzen wir im Zähler die größtmöglichen Werte für b und V_L ein und im Nenner den kleinstmöglichen Wert für A_B. Um den kleinstmöglichen Wert für N, N_{min}, zu erhalten,. setzen wir im Zähler die kleinstmöglichen Werte für b und V_L ein und im Nenner den größtmöglichen Wert für A_B.

$$N_{max} = \frac{0,45 * 9,5m^3}{22cm^2 \cdot 0,04cm \cdot 22} = \frac{0,45 \cdot 9,5 \cdot 1000 \cdot 1000cm^3}{22cm^3 \cdot 0,04cm \cdot 22} = 220816 \approx 220000$$

$$N_{min} = \frac{0,35 * 8,5m^3}{26cm^2 \cdot 0,04cm \cdot 22} = \frac{0,35 \cdot 8,5 \cdot 1000 \cdot 1000cm^3}{26cm^3 \cdot 0,04cm \cdot 22} = 130026 \approx 130000$$

Wir geben die Zahl der Blätter an als N=(N_{max}+N_{min})/2=175000 mit der maximal erwarteten Abweichung ΔN=(N_{max}-N_{min})/2=45000.

$$N = 175000 \pm 45000 \approx 0,18 \cdot 10^6 \pm 0,05 \cdot 10^6$$. Die Zahl der Blätter pro Baum liegt also zwischen 0,13 Millionen und 0,22 Millionen, mit etwa 28% Unsicherheit des Wertes (0,05/0,18=0,28) also bei 0,18 Millionen oder 180000. Dieser Wert liegt innerhalb der in der Literatur angegeben Spanne von 35000 bis 200000 Blättern pro Buche (Flindt 2003: 136; Flindt 2006: 136). Außerdem liegt unser erster, grober Schätzwert von 170000 Blättern pro mittlerem Baum innerhalb der Grenzen von 130000 und 220000 und weicht nur etwa 6% von dem Mittelwert 180000 ab. Unsere Rechnungen stützen sich gegenseitig.

Die hier verwendete Methode der Fehlerabschätzung entspricht nicht der seit ungefähr siebzig Jahren in physikalischen Praktika weitgehend gelehrten Methode (Topping 1963; Topping 1975; Hughes & Hase 2010). Sie ist aber intuitiv einsichtig und liefert vorsichtige Schätzungen für die Unsicherheit der ermittelten Größen. Außerdem eignet sich die Methode für die hier durchgeführten einmaligen Schätzungen mit großen Unsicherheiten der Eingangsgrößen, während die oben erwähnte Standardmethode eher kleine Unsicherheiten voraussetzt.

Multiplizieren wir die geschätzten Zahlen der Blätter pro Baum mit der Zahl der Bäume, erhalten wir einen Schätzwert der Zahl der Blätter auf der Ladefläche. Insgesamt waren also rund 4 Millionen Blätter (22*0,18=3,96) auf der Ladefläche, $(4,0 \pm 1,1) \cdot 10^6$, also zwischen 2,9 Millionen und 5,1 Millionen.

Die durchschnittliche, gesamte Blattfläche pro Baum liegt zwischen N_{min}*22cm²=286m² und N_{max}*26cm²=572m², im Mittel also bei $429m^2 \pm 143m^2$. Unser erster grober Schätzwert für die Blattfläche pro Baum, 420m², ist nur 2% kleiner als der hier berechnete Mittelwert 429m². Der in der Literatur angegebene Wert von 446m² für Buchen (Flindt 2003: 136; Flindt 2006: 136) liegt in der Mitte unseres Intervalls von 286m² bis 572m² und ist nur 4% größer als unser berechneter Mittelwert. Wir kennen unseren Mittelwert von etwa 429m² auf der Grundlage unserer Daten aber nur mit einer Unsicherheit von ca. 33% (143/429=0,333).

2.2.3 Verbesserungsmöglichkeiten

Die große Unsicherheit von 28% bei der Bestimmung der Zahl der Blätter pro Baum liegt an der kombinierten Unsicherheit der Blattfläche A_B von ca. 8%, der Unsicherheit des Volumenanteils b der Blätter von ca. 17%, und der Unsicherheit des Ladungsvolumens von ca. 6%. Wir könnten auf die Verwendung der Blattfläche und des Volumenanteils verzichten, indem wir einfach Blätter zählen. Wir könnten an fünf verschiedenen Stellen des Laubhaufens (oben, in der Mitte und unten) mit einen Plastikeimer je 10 Liter (10L) Laub entnehmen und die Blätter zählen. Für 10L Ladung wären im Mittel etwa 10L*(4000000/9000L)=4444 Blätter zu erwarten. Braucht man für das Zählen drei Sekunden pro Blatt, so ergeben sich 3,7 Stunden pro Eimer, also insgesamt 18,5 Personenstunden. Da die Ergebnisse nicht für alle Stellen im Haufen gleich sein werden, erhält man die Möglichkeit, die Unsicherheit der Zahl der Blätter anzugeben. Diese würde auf der unterschiedlichen Kompression der Ladung an den fünf verschiedenen Stellen beruhen. So könnte man die Gesamtzahl der Blätter auf etwa 10% genau bestimmen. Vielleicht finde ich nächstes Jahr Freiwillige, die mir beim Zählen helfen.

Die mittlere Masse der Blätter könnte man bestimmen, in dem man 200 repäsentative Blätter in einer kleinen Plastiktüte auf eine Briefwaage legt. Man könnte auch bei ca. 40 Blättern die Fläche und die Dicke bestimmen. Selbst wenn man nicht Blätter zählen will, könnte man so die Unsicherheit des Endergebnisses für die berechnete Zahl der Blätter, die Blattfläche pro Baum und weitere zu berechnende Größen stark vermindern.

Ein möglicher systematischer Fehler besteht in meiner Auswahl des durchschnittlichen Baumes. Man könnte einen Holzfäller, Gärtner oder Förster bitten, sich die Bäume auf dem Gelände anzuschauen und zu beurteilen, ob meine Auswahl richtig war. Alle paar Jahre werden Gärtner beauftragt, die Bäume auszuschneiden. Ich werde versuchen, diese zu treffen und nach ihrer Meinung fragen, im Tausch gegen ein Exemplar dieses Büchleins. Natürlich könnte ich auch die Bäume einzeln ausmessen, um deren Holzvolumen genauer zu bestimmen.

2.3 Berechnung aus dem vermutlichen Holzzuwachs

2.3.1 Voraussetzungen und Berechnung

In diesem Abschnitt gehen wir aus vom mittleren jährlichen Holzzuwachs in deutschen Forsten, nämlich 3,2% des Bestandes (Smil 2008: 75), und nehmen diesen Wert für unseren mittleren Baum an. Buchen in Deutschland lagern pro Jahr 1,88 mal soviel Holzmasse an, wie sie als Laubmasse im Herbst abwerfen (Jordan 1971: 428). Wenn wir diese Daten auch für unseren durchschnittlichen Baum voraussetzen, sollte dieser pro Jahr 3,2%/1,88=1,7% des Wertes seiner Holzmasse als Laubmasse abwerfen.

Der Baum, welcher der durchschnittliche Baum auf dem betrachteten Grundstück sein könnte, hat in 1,5m Höhe einen Stammumfang von 176cm, wie mit Hilfe eines Bindfadens und eines Zollstocks bestimmt wurde. Daraus ergibt sich ein Radius von 176cm/(2*3,14)=28cm. Obwohl sich der Stamm nach oben verjüngt, nehmen wir zur Bestimmung des gesamten Holzvolumens einen gleichbleibenden Radius an. Dabei ordnen wir das Holz der Äste und Zweige rechnerisch dem Stamm zu. Die Höhe des Baumes beträgt ungefähr 16m, wie sich aus dem Vergleich mit dem Haus daneben ergibt (Sockel, vier Stockwerke und Dach bei etwa 2,5m Geschoßhöhe). Wir erhalten als Holzvolumen $3{,}14*(0{,}28m)^2*16m=3{,}9m^3$ (Zylindervolumen). Als Obergrenze der Dichte von luftgetrocknetem Buchenholz als Baumaterial wird $900kg/m^3$ angegeben (Mende & Simon 2016: 53). Damit erhält man für den mittleren Baum eine Holzmasse von $3{,}9m^3*900kg/m^3=3510kg$. Die mittlere Masse des im Herbst abgeworfenen Laubes pro Baum sind 1,7% von 3510kg, also 60kg.. Mit einer Masse von 0,35g pro Blatt erhält man als Anzahl der Blätter pro Baum 60kg/(0,35g)=171429, also rund 170000. Dies entspricht genau unserem ersten, groben Schätzwert von 170000 Blättern.

2.3.2 Abschätzung der Unsicherheit

Die Masse eines Blattes ist seine Dichte ρ_B mal seinem Volumen, letzteres ist die Blattfläche A_B mal der Blattdicke d_B. Die Masse des Holzes ist gleich der Dichte ρ_H des Holzes mal dem Volumen des Holzes, letzteres ist die Höhe H des Baumes mal π ($\pi \approx 3{,}14$) mal dem Baumradius R zum Quadrat. Wir nehmen hierbei einen zylindrischen Stamm an, in dem sich die gesamte Holzmasse des Baumes rechnerisch vereinigt. Man kann hierzu die Abbildung 3 in Abschnitt betrachten.

Die Anzahl N der Blätter pro Baum mal der Masse eines Blattes ist gleich 1,7% der Holzmasse des Baumes: $N \cdot \rho_B \cdot A_B \cdot d_B = 0{,}017 \cdot \rho_H \cdot \pi \cdot R^2 \cdot H$. Daraus ergibt sich die Zahl N der Blätter, wenn man die Gleichung durch das Produkt $(\rho_B \cdot A_B \cdot d_B)$ teilt:

$$N = \frac{0{,}017 \cdot \rho_H \cdot \pi \cdot R^2 \cdot H}{\rho_B \cdot A_B \cdot d_B}$$

Wir nehmen die 1,7% (=0,0017) als fehlerfrei an. Die Dichte ρ_B des mittleren Blattes könnte zwischen 0,3g/cm³ und 0,4g/cm³ liegen, die Dichte ρ_H des Holzes zwischen 850kg/m³ und 950kg/m³. Für den mittleren Radius R des Baumes nehmen wir als niedrigsten möglichen Wert 0,24m und als höchstmöglichen Wert 0,32m an. Die Höhe H hat einen niedrigstmöglichen Wert von 14m und einen höchstmöglichen Wert von 18m. Wir nehmen die Messung der Blattdicke d_B als fehlerfrei an. Die Blattfläche könnte einen niedrigsten Wert von 22cm² haben und einen höchsten Wert von 26cm². Mit dieser großzügigen, pessimistischen Fehlerzuweisung berücksichtigen wir auch etwaige Unsicherheiten der Blattdicke.

Um die minimale Zahl N_{min} der Blätter zu erhalten, setzen wir im Zähler des Ausdrucks für N die kleinstmöglichen Werte der anderen Größen ein und im Nenner die größtmöglichen. Um die maximale Zahl N_{max} der Blätter zu erhalten, setzen wir im Zähler des Ausdrucks für N die größtmöglichen Werte der anderen Größen ein und im Nenner die kleinstmöglichen.

$$N_{min} = \frac{0{,}017 \cdot 850\,kg\big/m^3 \cdot 3{,}14 \cdot (0{,}24m)^2 \cdot 14m}{\cdot 0{,}4\,g\big/cm^3\, 26cm^2 \cdot 0{,}04cm} = \frac{0{,}017 * 2152kg}{0{,}416g} = \frac{36{,}59kg}{0{,}416g} = 85553$$

$$N_{max} = \frac{0{,}017 \cdot 950\,kg\big/m^3 \cdot 3{,}14 \cdot (0{,}32m)^2 \cdot 18m}{\cdot 0{,}3\,g\big/cm^3\, 22cm^2 \cdot 0{,}04cm} = \frac{0{,}017 * 5498kg}{0{,}352g} = \frac{93{,}47kg}{0{,}352g} = 265541$$

Mit dem Mittelwert $N=(N_{min}+N_{max})/2=175547$ und der maximal erwarteten Abweichung $\Delta N=(N_{max}-N_{min})/2=89994$ ergibt sich für die Zahl N der Blätter pro durchschnittlichem Baum $N = 176000 \pm 90000 \approx 0{,}18 \cdot 10^6 \pm 0{,}09 \cdot 10^6$.

Gehen wir vom Holzzuwachs und vom Verhältnis von Holzzuwachs und im Herbst abgeworfener Laubmasse aus, so kennen wir den Mittelwert der Zahl der Blätter pro Baum, N=0,18 Millionen=180000, auf 50% genau (0,09/0,18=0,5). Unter Berücksichtigung dieser großen Unsicherheit besteht kein Unterschied zu unseren vorher erhaltenen Schätzwerten von 164000 und 170000 Blättern pro Baum.

2.3.3 Verbesserungsmöglichkeiten

Die große Unsicherheit von 50% ergibt sich unter anderem aus den vermeidbaren, zu großen Unsicherheiten bei der Blattfläche von 8% und bei der Blattdichte von 14%. Es würde sich lohnen, im nächsten Jahr 200 Blätter mittlerer Größe einzusammeln und auf einer Briefwaage deren Masse zu bestimmen. Statt 14%+8%=22% Unsicherheit hätte man dann nur etwa 3% Unsicherheit bei der Masse eines Blattes und würde dann die Zahl der Blätter auf 30% genau kennen. Die großen Unsicherheiten bei den Maßen des mittleren Baumes erfassen auch den systematischen Fehler bei der Auswahl des mittleren Baumes. Die damit verbundene Unsicherheit kann man am besten durch das zeitraubende Ausmessen aller Bäume vermindern.

3 Aktuelle Forschung zu Photosynthese und Baumwachstum

3.1 Photosynthese und Biomasseproduktion

Pflanzenblätter nehmen Kohlenstoffdioxid (CO_2) und Wasser (H_2O) auf, spalten unter Nutzung von Lichtenergie das Wasser, geben dabei Sauerstoff (O_2) ab und produzieren Glucose ($C_6H_{12}O_6$) nach folgender Gleichung (Campbell, Reece & Mitchell 1999: 171, Übersetzung von SK): $6CO_2 + 12H_2O + Lichtenergie \rightarrow C_6H_{12}O_6 + 6O_2 + 6H_2O$.

Mit sechs Molekülen Kohlenstoffdioxid wird ein Molekül Glucose erzeugt. Die Glucose dient den Pflanzen zu einem geringen Teil als Energiequelle, zum weit überwiegenden Teil zum Aufbau von Biomasse. Bei Bäumen ist dies hauptsächlich Holz. Die Trockenmasse des Holzes besteht überwiegend aus Zellulose, einem Makromolekül aus miteinander verknüpften Glucose-Bausteinen. Zu einem kleineren Teil besteht die Trockenmasse des Holzes aus Lignin, einer Gruppe von Verbindungen, welche der Baum aber letztlich ausgehend von Glucose und mit Hilfe der in Glucose gespeicherten Energie synthetisiert (Czihak, Langer & Ziegler 1990: 173; Smil 2008: 79).

Die produzierte und gespeicherte Biomasse gibt man mit Hilfe des darin enthaltenen Kohlenstoffs an. Durch Photosynthese werden jährlich zwischen 100Gt und 110Gt (Gt: Gigatonne, $1Gt=10^9t=10^{12}kg$) Kohlenstoff aus dem CO_2 in der Luft in Pflanzen eingebaut (Smil 2008: 72). Die Pflanzen der Erde enthalten 450Gt Kohlenstoff (Bar-On, Phillips & Milo 2018; Bar-On & Milo 2019), die Menschen ungefähr 0,06Gt (Bar-On, Phillips & Milo 2018: 6508).

Wer hat Interesse an diesen Zahlen? Klimamodelle benötigen eine genaue Buchführung der Flüsse und Speicherinhalte des Kohlenstoffs, der zwischen dem CO_2 in der Luft, der Biomasse und CO_2-Speichern wie zum Beispiel den Ozeanen ausgetauscht wird (Higgins, Conradi & Muhuko 2023; Bennedsen, Hillebrand & Koopman 2024: 1). Wie ein Anstieg der CO_2-Konzentration in der Luft die Photosynthese und Bildung von Biomasse in Bäumen beeinflußt, wird in einer neuen wissenschaftlichen Veröffentlichung dargestellt (Norby, Loader u.a. 2024).

3.2 Auswirkungen des Anstiegs der Kohlendioxidkonzentration

Die steigende Kohlendioxidkonzentration in der Luft veranlaßt Bäume dazu, ihre Photosynthese zu steigern und mehr aus CO_2 gewonnenen Kohlenstoff langfristig zu binden, indem mehr neues Holz gebildet wird. Eine aktuelle Arbeit behandelt die Frage, ob auch sehr alte Bäume (mit prozentual weniger reproduktivem Gewebe) noch zu einer solchen Steigerung in der Lage sind. Ein Standort in England mit 180 Jahre alten Eichen (*quercus robur*, English Oak, Deutsche Eiche, Stieleiche) wurde daher sieben Jahre lang mit zusätzlichem CO_2 begast, und zwar mit etwa 0,015 Prozentpunkten Kohlenstoffdioxid zuzüglich zu den in der Luft schon vorhandenen 0,04 Volumenprozent (Norby, Loader u.a. 2024). Die zusätzlich begasten Bäume bildeten bis zu 19,0% mehr Biomasse pro Jahr, weit überwiegend als Holz, als die Kontrollgruppe von Bäumen ohne zusätzliches Kohlenstoffdioxid (Norby, Loader u.a. 2024: 985). Diese Ergebnisse sind von erheblicher Bedeutung für die Vorhersage des zukünftigen Anstiegs der Kohlenstoffdioxidkonzentration in der Luft (Norby, Loader u.a. 2024: 983).

3.3 Bäume auf dem Stadtgrundstück verglichen mit Bäumen im Forst

Es ist lehrreich, die quantitativen Daten zum Baumwachstum in der Forschungsarbeit (Norby, Loader u.a. 2024) zu vergleichen mit den Daten der oben betrachteten Bäume

----

auf dem Stadtgrundstück in München. Denn damit können wir die Zahlenwerte aus der Forschung mit der Alltagserfahrung verbinden.

Wie sich aus einer Graphik ablesen läßt, lag der jährliche Zuwachs von Trockenmasse der untersuchten Eichen im Mittel um 50kg pro Baum, wobei Werte zwischen 30kg und 70kg vorkamen (Norby, Loader u.a. 2024: 985). Etwa 50% des mittleren Zuwachses an Trockenmasse, also 25kg pro Baum, sind nach meiner groben Beurteilung der Daten Holz (Norby, Loader u.a. 2024: 986). Diese Bäume sind 24m bis 26m hoch (Norby, Loader u.a. 2024: 984). Der mittlere Baum auf dem Stadtgrundstück, den wir oben betrachten, ist etwa 16m hoch und etwa 60 Jahre alt. Die mittlere Masse abgeworfenen Laubes unserer Bäume beträgt 57kg (siehe oben). Multipliziert mit dem für Buchen in Deutschland ermittelten Faktor von 1,88 (Jordan 1971: 428) erhalten wir die mittlere, pro Jahr angelagerte Holzmasse, 1,88*57kg=107kg. Harthölzer (Eiche, Buche, Teak) mittleren Alters haben etwa 30% Wassergehalt (Smil 2008: 188). Daher wurde pro Baum eine Holztrockenmasse von 0,7*107kg=75kg neu gebildet. Das dreimal so viel wie bei den 1,6 mal so hohen Eichen. Bezogen auf 1m Länge der Baumstämme sind die Stadtbäume also 3*1,6=4,8 mal so produktiv wie die Eichen in England. Hier sieht man deutlich den Unterschied zwischen den etwa 60 Jahre alten Buchen auf dem Stadtgrundstück und den 180 Jahre alten Eichen in England. Die alten Bäume enthalten einen geringeren Anteil an wachstumsaktivem Gewebe („reproductive tissue"). Wir habe diesen bedeutsamen Unterschied zwischen den betrachteten Bäumen daher anhand eines Vergleichs unserer Daten und der veröffentlichten wissenschaftlichen Daten verstanden. Wir wissen jedoch noch nicht, ob die 75kg bei unseren Stadtbäumen im langjährigen Vergleich ein hoher oder ein niedriger Wert sind. Dazu sollten wir einige Jahre lang jedes Jahr die Masse des abgeworfenen Herbstlaubes bestimmen.

Ein weiterer Vergleichsmaßstab der jährliche Zuwachs der Querschnittsfläche der Baumstämme der Eichen aus der Studie in einer Höhe von 1,3m über dem Boden (BAI, „basal area increment"). Dieser Zuwachs liegt über sieben Jahre hindurch zwischen etwa $5cm^2$ und etwa $100cm^2$, wobei Werte um $30cm^2$ am häufigsten vorkom-men (Norby, Loader u.a. 2024: 985, 989). Der mittlere Baum auf dem betrachteten Stadtgrundstück gewinnt jährlich 107kg Holz hinzu, was bei einer Dichte von $900kg/m^2$ einem Volumenzuwachs von $107kg/(900kg/m^3)=0,12m^3$ entspricht. Bei einer Baumhöhe von 16m und einem mittleren Radius von 0,28m kann man daraus eine mittlere Jahresringdicke d_J berechnen (Siehe Abbildung 3 in Abschnitt D.). Näherungsweise hat die in einem Jahr hinzugefügte Schicht Holz $2*3,14*0,28m*16m*d_J=0,12m^3$ Volumen.

Daraus ergibt sich d_J=4,3mm. Der Flächeninhalt der Querschnittsfläche der hinzugefügten Schicht Holz ist daher 2*3,14*0,28m*4,3mm, also 6,28*28cm*0,43cm=76cm². Dieser Wert liegt in dem Bereich, der für die alten Eichen festgestellt wurde, aber näher an deren Obergrenze und mehr als doppelt so hoch (76cm²/30cm²=2,5) wie bei den meisten untersuchten Eichen. Da die Eichen aber etwa 1,6 mal so hoch sind wie die betrachtet Stadtbäume, findet man beim Unterschied im Volumenzuwachs ungefähr einen Faktor 4, nahe beim Faktor 4,8 von oben. Auch an dieser Größe, dem Zuwachs der Querschnittsfläche (BAI), sehen wir daher denselben Unterschied zwischen den 60 Jahre alten Stadtbäumen und den 180 Jahre alten Eichen. Damit haben wir die Daten in der wissenschaftlichen Veröffentlichung quantitativ verstanden. Genauere Vergleiche sind nicht sinnvoll, da es sich bei den 76cm² um einen Mittelwert über die gesamte Höhe des mittleren Baumes in der Stadt handelt, während sich die in der zitierten Arbeit ermittelten Werte auf die Höhe von 1,3m bei den untersuchten Bäumen beziehen.

Pro Quadratmeter Landfläche haben die Eichen ohne CO_2-Zufuhr in den Jahren 2020 bis 2022 zwischen 291g und 358g Laub abgeworfen (Norby, Loader u.a. 2024: 985, 986). Für die von uns betrachteten Stadtbäume finden wir 420g/m² (siehe oben). Dieser Wert liegt nicht weit über dem oberen, für die Eichen angegebenen Extremwert. Somit sind die Eichen und unsere Stadtbäume im Hinblick auf das pro Quadratmeter Land abgeworfene Laub grob vergleichbar. Für 85 Jahre alte Buchen werden in der Literatur 390g/m² angegeben und für Eichen unbekannten Alters 350g/m² (Jordan 1971: 428). Die etwas geringere Laubproduktion der Eichen aus der Forschungsarbeit im Vergleich zu Buchen scheint nicht ungewöhnlich zu sein.

Betrachtet man den Holzzuwachs bezogen auf den Quadratmeter Waldfläche, ergibt sich ein ähnlicher Eindruck. Diese Sichtweise sollte bevorzugt werden, weil bei Bäumen der Eintrag von Stickstoff in den Boden und die Verfügbarkeit von Wasser die wichtigsten wachstumsbegrenzenden Faktoren sind (Schulze 1989; Higgins, Conradi & Muhuko 2023: 147). Diese Faktoren hängen aber von der einem Baum zur Verfügung stehenden Waldfläche ab und nicht von der Höhe der Bäume. Die Eichen ohne zusätzliches CO_2 zeigten in Stämmen und Ästen („bole + branch") einen Holzzuwachs („Net primary productivity") im Gramm Trockenmasse pro Quadratmeter Waldfläche von $(755 \pm 95)\,g/m^2$ im Jahr 2021 und von $(534 \pm 67)\,g/m^2$ im Jahr 2022 (Norby, Loader u.a. 2024: 986). Für die von uns betrachteten Stadtbäume erhalten wir aus den Daten von oben (75kg*22)/(3000m²)=(1650kg)/(3000m²)=550g/m². Das ist im Rahmen der angegebenen Unsicherheit so gut wie bei den Eichen in einem schlechten Jahr. Zur Beur-

----

teilung unserer Stadtbäume sollte wir daher einige Jahre lang die im Herbst abgeworfene Laubmasse bestimmen. Zusätzlich wäre zu prüfen, ob mein Schätzwert von 3000m² für die Fläche, auf der die Stadtbäume stehen, genau genug ist.

4 Was nützen unsere Berechnungen?

Die vorliegende Arbeit liefert mindestens sieben allgemeine Erkenntnisse. Erstens zeigt sie am Beispiel der Zahl der Blätter eines Baumes in der Stadt, wie man mit einfachen Annahmen und Rechnungen zu Schätzwerten kommen kann, die es erlauben, die Ergebnisse komplizierterer Berechnungen zu überprüfen. Die auf drei Arten bestimmten Schätzwerte für die Zahl der Blätter einer durchschnittlichen Buche auf einem Stadtgrundstück weichen um maximal 10% voneinander ab. Zweitens zeigt die Arbeit, wie man bei Schätzwerten deren ungefähre Unsicherheit herausfinden kann. Drittens zeigt die Arbeit, wie man solche Schätzwerte anhand von Forschungsergebnissen aus der wissenschaftlichen Literatur überprüfen kann. Viertens folgt aus dieser Arbeit eine Einschätzung der Gesundheit der betrachteten Bäume. Diese werfen im Rahmen der Genauigkeit dieser Arbeit so viele Blätter ab, wie man für Buchen aufgrund der Daten aus der Literatur erwarten darf. Also bekommen die betrachteten Bäume auf dem Stadtgrundstück genug Licht, genug Wasser und genug Nährstoffe. Fünftens können wir mit den hier gewonnenen Daten eine neue Forschungsarbeit gründlicher verstehen. Wir erhalten aus unseren Daten ungefähr dieselben Werte für die Laubproduktion und den jährlichen Holzzuwachs, die für die Eichen in der Forschungsarbeit berichtet werden. Sechstens zeigt unsere Arbeit beispielhaft, wie man die in Lehrbüchern für Schule und Universität verbreitete Unsitte der isolierten Zahlenwerte vermeiden kann. Wir bringen Berichte über alte und neue Forschungsergebnisse mit Erkenntnissen aus unserer Alltagsumwelt in Verbindung. Auf ähnliche Art könnten Lehrbuchautoren auf die Kritik reagieren, die der Harvard-Professor David Perkins an naturwissenschaftlichen Lehrbüchern geübt hat: Perkins beklagt die Masse an „unzusammenhängender Information" (Perkins 2008: 33). Sollten die Autoren und Autorinnen solcher Lehbücher für die Herstellung der Zusammenhänge keine Zeit haben, lesen sie in dieser Arbeit, wen man damit beauftragen könnte. Siebtens liefert diese Arbeit eine weitere Fallstudie zur Vorgehensweise und zum Nutzen des quantitativen Denkens im Stil meines Buches „Handbook of Quantitative Thinking" (Kage 2024).

C English Text

1 Introduction

How many leaves does a tree have? This question is too general to have an answer. We need to state the species of the tree, its age, its height and its location. Then we can answer the question very approximately. In this case study, we consider beech trees on a city property in Munich. The trees are about 60 years old. The cause for writing this text was that the leaves shed by the trees in autumn were taken away from a property in the neighbourhood of my office in November 2024.

The cargo bed of the truck used for this purpose (figure1 in section D) had an estimated volume of about 2m*8m*0.5m=8m³ and an exact volume of 9.9m³ according to the truck driver. The canvas used to cover the load showed some sagging at a few places. Therefore, 9m³ are a good estimate of the volume of the leaves gathered from the property. As I remembered a scientific article I had read a few years before (Jordan 1971), I immediately saw the opportunity to write a small case study in quantitative thinking. We will see below what we need the article (Jordan 1971) for. The photo I took of one of the trees on the city property (figure 2 in section D) shows a beech tree which could be the average tree on this property, judged by its total volume of wood. For this average beech tree, we calculate well-founded estimates of its number of leaves in summer. The estimates are to be checked by calculating the number of leaves starting from average data of trees in Germany, taken from the scientific literature (Jordan 1971; Smil 2008). Additionally, the uncertainties of our estimates are to be provided. Furthermore, a new scientific article about the growth of trees is evaluated (Norby, Loader e.a. 2024). The aim is to show how our little case study of trees on a city property allows to connect the results of the scientific study with our everyday experience. For example, a surprising finding of our study is that the trees on the city property shed about the same mass of leaves per square meter of land as the trees investigated in the scientific article. Lastly, we show why the methods presented here are useful from a general point of view.

2 The number of leaves of an average beech tree on a city property

2.1 Calculation using the method of Fermi questions

2.1.1 A rough estimate based on plausible assumptions

The question is: How many leaves does the tree on the photo (figure 2 in section D) have in summer? This is a quantitative question about the natural world. The answer should only be based on plausible assumptions. This is, very briefly, the method of the "Fermi question" (Morrison 1963: 627; Giancoli 2019: 15; Giancoli 2023: 35).

Looking at the tree on the photo, you could guess a height of about 16m. The circular area which the tree covers on the property might have a radius of 3m. Imagine a cuboid which encloses the tree fully but tightly (figure 3 in section D). This cuboid might have a height of 16m, a length of 6m and a width of 6m. Its sides except the bottom one have the following size:

$$A_{cuboid} = 4 \cdot 6m \cdot 16m + 6m \cdot 6m = 6m^2 \cdot (4 \cdot 16 + 6) = 6 \cdot (64 + 6)m^2 = 6 \cdot 70m^2 = 420m^2$$

Factoring out 6m² is intended to make the calculations easier. Choosing a cuboid instead of a cylinder serves the same purpose. The aim should be to work the estimates out in your head fast. Imagine that a layer of leaves completely covers the sides of this cuboid except the bottom. This layer of 420m² could approximately have the surface area of all the leaves the tree has in summer. When you look at the tree in summer, you have the following impression: Rays emanating horizontally from the upper trunk in all directions would each penetrate about two leaves. A more detailed model of the leaf canopy could be the surface of a cylinder except the top and the bottom, with a radius of 3m and a height of 11m, topped by a hemisphere which has a radius of 3m (see figure 3 in section D). This model is expected to have a surface area of about half the value calculated above for the cuboid. This is true.

$$A_{cylinder\_and\_hemisphere} = 2 \cdot \pi \cdot 3m \cdot 11m + 2 \cdot \pi \cdot (3m)^2 = 264m^2 = 420m^2 / 1{,}59$$

In a handbook of biological data a total leaf area of 446m² is quoted for a typical beech tree (Flindt 2003: 136; Flindt 2006: 136). Our rough estimate is veryclose to the value in the handbook.

An average beech leaf could possibly have the same area as a square with sides of 5cm. A rough estimate of the area of this leaf therefore is

$$A_{leaf} = 5cm \cdot 5cm = 25cm^2 .$$

Since a square meter corresponds to a square with a sice of 1m=100cm, m² can be expressed in terms of cm²: $1m^2 = 1m \cdot 1m = 100cm \cdot 100cm = 100 \cdot 100 \cdot cm^2 = 10000cm^2$. A rough estimate for the number N of leaves of the tree can be obtained by dividing the surface area of the cuboid A_{cuboid} by the surface area of a leaf A_{leaf}:

$$N = \frac{420m^2}{25cm^2} = \frac{420 \cdot 100 \cdot 100 \cdot cm^2}{25cm^2} \approx \frac{425 \cdot 100 \cdot 4 \cdot 25cm^2}{25cm^2} = 425 \cdot 100 \cdot 4 = 170000 \, .$$

We have factorized the 420m² in order to be able to cancel the factor 25cm². Moreover, we have replaced the estimate 420 by the estimate 425, which permits a more convenient calculation. We would like to work out these estimates in our head fast. During conversations about quantitative estimates, we would like to show immediately who is the boss ("street-fighting mathematics" (Mahajan 2010)). The others will grope for their mobile phones and come up with similar estimates of the number of leaves on a tree about one or two minutes later. But we are faster and more rational on top of that, because we can justify our estimate. Additionally, with slight modifications our method enables us to arrive at justified estimates which apply to larger or smaller trees or trees with a leaf canopy of a different shape (see, e. g., Kage 2024: 116).

2.1.2 General remarks on Fermi questions and their answers

The method of the "Fermi question" involves "the estimation of rough but quantitative answers to unexpected questions about many aspects of the natural world" (Morrison 1963: 627). The standard exmple is: "How many piano tuners are there in the City of Chicago?" (Morrison 1963: 627). A completely worked out answer referring to San Francisco including a reality check is given by Giancoli in German (Giancoli 2019: 15) and in English (Giancoli 2023: 35). These questions are named after the famous physicist Enrico Fermi (1901-1954), who is regarded to be the master of posing and answering interesting questions of this kind. Proper Fermi questions are only those which are posed for the first time and answered with a minimum of previous knowledge (Morrison 1963: 627). After some training, you should be able to work out the answers in your head. In section 2.1.1, we have thus posed and answered a Fermi question. The physicists Weinstein and Adam have treated a number of questions of this kind (Weinstein & Adam 2008; Weinsten 2012). If somewhat more previous knowledge is required, the solutions are called „back-of-the-envelope"-calculations (Swartz 2003), i.e. calculations which can be carried out on the back of an envelope (or a cocktail napkin). These problems can no longer be worked out in the head, but they do not require much effort nevertheless.

In Germany, there are school textbooks starting in grade 5 (e.g., Gilg, Kleine, Weixler & Weixler 2017: 62f) and collections of problems (Pommeranz 2016), which pose Fermi questions and teach methods of answering them. Connected estimates taken from everyday life are presented in the "Handbook of Quantitative Thinking" (Kage 2024). Its table of contents is freely available in the internet. Search fo "Sixtus Kage" on the websites www.amazon.de or ww.bod.de.

Fermi questions or "back-of-the-envelope"-calculations are indispensable as a first approach to dealing with a quantitative problem. They allow to find and check a first approximation of the results of a planned experiment or of a much more complex calculation. However, you still don't know how big the uncertainty of your calculation is or what the range of values is which can result from your planned measurements of a quantity. The following sections show how you can proceed if you need to find that out.

2.2 Calculation based on the leaves shed in autumn

2.2.1 Calculation based on the volume of the leaves shed

We utilize our knowledge about the volume of the leaves shed and taken away, $9m^3$. We divide the volume of the leaves, minus the volume occupied by air, by the volume of one dry leaf of average size. Thus, we arrive at an estimate of the number of leaves N_L on the cargo bed of the truck.

A dry leaf of average size was selected and its dimensions were determined with a ruler and a calliper. This leaf has an area of $24cm^2$ and a thickness of $0.4mm$. so that the following volume results: $24cm^2*0.4mm=24cm^2*0.4*0.1cm=0.96cm^3$. This can be rounded to $1.0cm^3$. We assume $0.35g/cm^3$ as the density of the dry leaf, an estimate for hay (Kage 2024: 49). Therefore, the mass of the dry leaf is $1.0cm^3*0.35g/cm^3=0.35g$.

The load of the truck contains 60% air by volume. This was determined experimentally by filling some of the leaves from the heap into a plastic bucket and compressing the load. Therefore, 40% of the load of $9m^3$ consist of dry leaves without air: We divide this volume, $0.4*9m^3=0.4*9000L=0.4*9000*1000cm^3=3600*1000cm^3$, by the volume of one leaf, $1.0cm^3$, and obtain a number of leaves of $N_L=3600*1000=3.6$ million. On the property the load of leaves stems from, there are 22 broadleaved trees, predominantly beech trees. We treat the two acorn trees and a beech hedge, which is 100m long, as beech trees.

For the number N of leaves of the average tree on the property, we obtain 3.6 million divided by 22, 163636, which can be rounded to 164000. This estimate is close to the value of 170000 we got above.

This results in a mean leaf area per tree of 160000*24cm²=393m², which can be rounded to 400m². This value is very close to the estimate of 420m² we arrived at above. The leaves have a total mass of 3.6 million times 0.35g, 3.6 thousand times 0.35kg, which is 3600*0.35kg=1260kg. We get 1260kg/22=57kg as the mean mass of leaves shed by the trees. These trees occupy a space of about 3000m². The discarded foliage poduced per m² therefore is 1260kg/(3000m²)=420g/m². As some of the branches of neighbouring beech trees touch each other, we can assume almost the same number of trees per unit area as in a forest. For 85-year-old beech trees in Denmark, a production of discarded foliage of 390g/m² per year is quoted (Jordan 1971: 428). Our value for the trees in the city is therefore believable and supports the other calculations.

2.2.2 Estimation of the uncertainty

The number N of leaves per tree can be calculated from the estimated volume of discarded foliage V_L on the cargo bed, the share b of the dry leaves by volume, and the thickness d_B and area A_B of the average leaf A_B. We assume an error-free and representative measurement of the thickness of the leave, d_B=0.4mm, and take account of this by pessimistically ascribing a larger error to the leaf area.

We assume the following uncertainties of the quantities entering our calculation. The volume of discarded foliage on the cargo bed is V_L=9m³, but it can range from 8.5m³ to 9.5m³, The area of an average leaf, A_B=24cm², can lie between 22cm² and 26cm². The share of the dry leaves by volume is b=0.4, but it can range from 0.35 to 0.45.

The average number N of leaves per tree can be obtained by dividing the volume of leaves on the cargo bed (without the enclosed air) by the volume of an average leaf and the number of trees:

$$N = \frac{b * V_L}{A_B \cdot d_B * 22}.$$ In order to obtain the highest possible value for N, N_{max}, wie insert the highest possible values for b and V_L in the numerator and the smallest possible value for A_B in the denominator. In order to obtain the smallest possible value for N, N_{min}, we

insert the smallest possible values for b and V_L in the numerator and the highest possible value for A_B in the denominator.

$$N_{max} = \frac{0.45 * 9.5m^3}{22cm^2 \cdot 0.04cm \cdot 22} = \frac{0.45 \cdot 9.5 \cdot 1000 \cdot 1000cm^3}{22cm^3 \cdot 0.04cm \cdot 22} = 220816 \approx 220000$$

$$N_{min} = \frac{0.35 * 8.5m^3}{26cm^2 \cdot 0.04cm \cdot 22} = \frac{0.35 \cdot 8.5 \cdot 1000 \cdot 1000cm^3}{26cm^3 \cdot 0.04cm \cdot 22} = 130026 \approx 130000$$

We state the number of leaves per tree as N=(N_{max}+N_{min})/2=175000 with the highest possible uncertainty ΔN=(N_{max}-N_{min})/2=45000.

$N = 175000 \pm 45000 \approx 0{,}18 \cdot 10^6 \pm 0{,}05 \cdot 10^6$. The number of leaves per tree lies between 0.13 million and 0.22 million. With an uncertainty of 28% (0.05/0.18=0.28), N=180000 or 0.18 million. This value is within the range of 35000 to 200000 leaves per beech tree quoted in the literature (Flindt 2003: 136; Flindt 2006: 136). Furthermore, our first rough estimate of 170000 leaves lies within the extreme values of 130000 and 220000 and deviates from the mean value of 180000 by only 6%. Our calculations support each other.

The method used here to estimate the uncertainties differs from the method which has been widely taught in physics laboratory courses for about 70 years (Topping 1963; Topping 1975; Hughes & Hase 2010). But it can be understood intuitively and it yields cautious estimates of the uncertainties. Furthermore, the method used here is suitable for our one-off estimates with large uncertainties in the quantities we start from, whereas the standard method mentioned above requires rather small uncertainties.

If we multiply the estimated number of leaves per tree by the number of trees, we get an estimate of the number of leaves on the cargo bed. There were about 4 million leaves on the cargo bed (22*0.18=3.96), $(4.0 \pm 1.1) \cdot 10^6$, between 2.9 million and 5.1 million.

The average total leaf area per tree can be stated as $429m^2 \pm 143m^2$. It lies between N_{min}*22cm²=286m² and N_{max}*26cm²=572m². Our first, rough estimate of the leaf area per tree, 420m², is 2% smaller than the mean value of 429m² calculated here. The value of 446m² quoted in the literature (Flindt 2003: 136; Flindt 2006: 136) lies near the centre of our range from 286m² to 572m² and is only 4% larger than our mean value. On the basis of our data, we know our mean value of about 429m² to within an uncertainty of about 33% (143/429=0.333).

2.2.3 Possible improvements

The large uncertainty of the number of leaves per tree is caused by the combined uncertainties of the leaf area A_B of about 8%, the uncertainty of the volume fraction b of the leaves of about 17%, and the uncertainty of the volume V_L of the load of the discarded foliage of about 6%. We could dispense with using the leaf area and the volume fraction b, if we simply counted leaves. We could sample leaves at five different places in the heap of foliage (on top, in the middle and at the bottom), using a plastic bucket of 10 litre (10L) volume and count the leaves in each bucketload. For 10L of foliage, the expected number of leaves is about 10L*(4000000/9000L)=4444. If we need three seconds per leaf for the counting, 3.7 hours per bucket result, which is 18.5 person hours in total. Since the results will not be the same for all positions in the heap, we get the opportunity to state the uncertainty of the number of leaves. This would be caused by the different degrees of compression of the load at the five different positions in the heap. So we could possibly determine the number of leaves N_L on the cargo bed to within 10%. Next year, I might find volunteers who help with the counting.

The average mass of the leaves could be determined by placing 200 representative leaves in a plastic bag on letter scales. Furthermore, the thickness of 40 representative leaves could be determined. Even if we prefer not to count leaves, we could diminish the uncertainty of the calculated number of leaves, the leaf area per tree and other quantities to be calculated.

Another possible systematic error could be caused by my choice of the average tree according to the volume of wood. I could ask a lumberjack, a forester or a gardener to have a look at the trees on the property and assess whether my choice was correct. Every other year, gardeners are commissioned to prune the trees. If I manage to contact them, I can ask them for their opinion, in exchange for a copy of this booklet. Of course, I could also measure up all the trees to determine their volume of wood.

2.3 Calculation based on the wood probably added in a year

2.3.1 Application of average growth indices of German forests

In this section, we start from the mean yearly amount of wood added in German forests, 3.2% of the standing timber (Smil 2008: 75), and assume that the growth of our average tree conforms to this nationwide average. Per year, German beech trees add a mass of wood which is 1.88 times the dry mass of the leaves shed per year (Jordan 1971: 428).

If we presuppose that these data also apply to our average tree, this tree should shed about 3.2%/1.88=1.7% of the mass of added wood as dry leaves.

The trunk of the tree which could be the average tree on the property has a circumference of 176cm at a height of 1.5m above the ground. This was determined by using a packing thread and a folding rule. This yields a radius of 176cm/(2*3.14)=28cm. even though the trunk tapers towards the top, we assume a constant radius to determine the total volume of wood. Thereby, we assign the wood of the branches and twigs to the trunk. The height of the tree is about 16m, which can bee seen by comparing it to the house nearby (base, four storeys, roof, 2.5m height per storey). We obtain a volume of wood of 3,14*(0,28m)²*16m=3,9m³ (volume of a cylinder). 900kg/m³ is quoted (Mende & Simon 2016: 53) as the upper limit of the density of air-dried beech wood used as building timber. Using this value, we obtain 3,9m³*900kg/m³=3510kg as the mass of wood of the average tree. The average mass of the leaves shed in autum thus is 1.7% of 3510kg, 60kg per tree. Using a mass of 0.35g per leaf, we get the number of leaves per tree, 60kg/(0,35g)=171429, which can be rounded to 170000. This is exactly equal to our first estimate of 170000.

2.3.2 Estimation of the uncertainty

The mass of a leaf equals its density ρ_B times its volume, the latter is the product of the surface area of the leaf A_B and its thickness d_B. The mass of the wood equals the density of the wood times its volume, the latter is the density of the wood ρ_H times the volume of the wood, which is the height H of the tree times π ($\pi \approx 3.14$) times the radius R of the tree squared. We assume that the trunk is cylindrical and contains the entire mass of wood belonging to the tree. You can have a look at figure 3 in section D.

The number N of leaves per tree times the mass of a leaf equals 1.7% of the mass of wood belonging to the tree: $N \cdot \rho_B \cdot A_B \cdot d_B = 0{,}017 \cdot \rho_H \cdot \pi \cdot R^2 \cdot H$. This yields the number of leaves N if you divide the equation by the product $(\rho_B \cdot A_B \cdot d_B)$:

$$N = \frac{0.017 \cdot \rho_H \cdot \pi \cdot R^2 \cdot H}{\rho_B \cdot A_B \cdot d_B}$$

We assume that the 1.7% (=0.0017) are accurate. The density of the average leaf ρ_B could have a value between 0.3g/cm³ and 0.4g/cm³, the density ρ_H of the wood could be anything between 850kg/m³ and 950kg/m³. The average radius R of the tree could have the lowest possible value of 0.24m and the highest possible value 0.32m. The height H has a lowest possible value of 14m and a highest possible value of 18m. We assume that the thickness of the leaf d_B is accurate. The area of the leaf A_B could have a lowest possible value of 22cm² and a highest possible value of 26cm². This generous, pessimistic allocation of the possible uncertainty to the leaf area is meant to take account of possible uncertainties of the thickness of the leaf.

To obtain the minimum number of leaves N_{min}, we insert the lowest possible values of the other quantities in the numerator of the expression for N and the highest possible values in the denominator. To obtain the maximum number of leaves N_{max} , we insert the highest possible values of the other quantities in the numerator of the expression for N and the lowest possible values in the denominator.

$$N_{min} = \frac{0.017 \cdot 850\,kg/m^3 \cdot 3.14 \cdot (0.24m)^2 \cdot 14m}{0.4\,g/cm^3\, 26cm^2 \cdot 0.04cm} = \frac{0.017 * 2152kg}{0.416g} = \frac{36.59kg}{0.416g} = 85553$$

$$N_{max} = \frac{0.017 \cdot 950\,kg/m^3 \cdot 3.14 \cdot (0.32m)^2 \cdot 18m}{0.3\,g/cm^3\, 22cm^2 \cdot 0.04cm} = \frac{0.017 * 5498kg}{0.352g} = \frac{93.47kg}{0.352g} = 265541$$

With the mean value $N=(N_{min}+N_{max})/2=175547$ and the maximum uncertainty $\Delta N=(N_{max}-N_{min})/2=89994$ we get the following expression for the number of leaves of the average tree: $N = 176000 \pm 90000 \approx 0.18 \cdot 10^6 \pm 0.09 \cdot 10^6$.

If we base our estimate on the average amount of wood added and on the reported ratio of the mass of the wood added and the dry mass of the leaves discarded in autumn, we know the number of leaves per tree, N=0.18 million=180000, to within 50% (0.09/0.18=0.5). Taking account of this large uncertainty, the mean value of 180000 obtained here is consistent with our previous estimates of 164000 and 170000.

2.3.3 Possible improvements

The large uncertainty of 50% partly results from the avoidable, too large uncertainties of the leaf area, 8%, and of the density of the leaves, 14%. It would be worthwhile to collect 200 leaves of average size next year and to weigh them with a letter scales. Instead of 14%+8%=22% uncertainty for the mass of a leaf, we would only have an uncertainty of 3%. We would then know the number of leaves to within 30%. The large uncertainties of the radius and height of the average tree also contain the systematic error involved in choosing the average tree. This uncertainty could best be diminished by the time-consuming measuring-up of all trees on the property.

3 Current research on photosynthesis and the growth of trees

3.1 Photosynthesis and production of biomass

Plants take up carbon dioxide (CO_2) and water (H_2O), split the water by utilizing light energy, release oxygen (O_2) in this process and produce glucose ($C_6H_{12}O_6$) according to the following chemical equation of photosynthesis(Campbell, Reece & Mitchell 1999: 171): $6CO_2 + 12H_2O + Light \cdot energy \rightarrow C_6H_{12}O_6 + 6O_2 + 6H_2O$.

Six molecules of carbon dioxide are used to create on emolecule of glucose. Plants use a small share of the glucose as a source of energy, but most of it to build up biomass. In the case of trees, most of this is wood. The dry mass of wood predominantly consists of cellulose, chains of glucose units connected to form macromolecules. A smaller part of the dry mass of wood consists of lignin, a group of substances synthesized by the tree, ultimately starting from glucose and using the energy stored in glucose (Czihak, Langer & Ziegler 1990: 173; Smil 2008: 79).

The amount of biomass produced and stored is kept track of by stating the amount of carbon it contains. By photosynthesis between 100Gt (Gt: gigaton, $1Gt=10^9t=10^{12}kg$) and 110Gt of carbon stemming from CO_2 in the air are deposited in plants (Smil 2008: 72). The plants contain 450Gt of carbon (Bar-On, Phillips & Milo 2018; Bar-On & Milo 2019), humans about 0.06Gt (Bar-On, Phillips & Milo 2018: 6508).

Who is interested in these numbers? Climate models require an accurate bookkeeping of the flows and stocks of carbon exchanged between the CO_2 in the air, biomass and other stores such as the oceans. The concentration of CO_2 in the air is a crucial variable (Higgins, Conradi & Muhuko 2023; Bennedsen, Hillebrand & Koopman 2024: 1). How an increase of the concentration of CO_2 in the air affects the photosynthesis and formation of biomass in trees is an important question treated in a new scientific publication (Norby, Loader e.a. 2024).

3.2 Effects of an increase in carbon dioxide concentration

A rising concentration of carbon dioxide in the air induces trees to ramp up their photosynthesis and to put more CO_2-derived carbon into long-term storage by building up more wood. A new research project deals with the question whether very old trees (which have a lower percentage of reproductive tissue) are still capable of such an increase. A stand of 180-year-old oak trees (*quercus robur*, English Oak, Deutsche Eiche, Stieleiche) in England was gassed with additional CO_2 for seven years. The trees got about 0.015 percentage points carbon dioxide on top of the 0.04 percent by volume already present (Norby, Loader e.a. 2024). The trees which received the additional carbon dioxide added up to 19% more biomass, predominantly wood, compared to the control group of trees without additional carbon dioxide (Norby, Loader e.a. 2024: 985). These results are of considerable importance to models predicting the future increase of the carbon dioxide concentration in the air (Norby, Loader e.a. 2024: 983).

3.3 Trees on the city property compared to trees in a forest

It is instructive to compare the quantitative data on the growth of trees reported in the publication (Norby, Loader e.a. 2024) with the data of the trees on the city property in Munich. By doing this, we can relate research data to our everyday experience.

As can be extracted from a graph, the mean annual increase of dry mass of the oak trees studied was about 50kg per tree, with a range from 30kg to 70kg (Norby, Loader e.a. 2024: 985). About 50% of the mean increase in dry mass, 25kg per tree, can can be ascribed to wood according to my rough assessment of the data (Norby, Loader e.a. 2024: 986). These trees are 24m to 26m high (Norby, Loader e.a. 2024: 984).

The average tree on the city property we consider above is about 16m high and about 60 years old. The mean mass of leaves shed is 57kg (see above). If we multiply that with the factor of 1.88 applying to beech trees in Germany (Jordan 1971: 428), we obtain the mean mass of wood added per year, 1.88*57kg=107kg. Hardwood (oak, beech,teak) of a medium age has a water content of 30% (Smil 2008: 188). The dry mass of the wood added per tree therefore is 0.7*107kg=75kg. This is three times as much as reported for the oak trees, which are 1.6 times as high as our average city tree. Relative to 1m trunk length, the trees in the city are 3*1.6=4.8 times as productive as the oak trees in England. This clearly shows th difference between the 60-year-old beech trees on the city property and the 180-year-old oak trees in England. The old trees contain a lower percentage of reproductive tissue. We have understood this considerable difference between the two groups of trees by comparing our data with the published scientific data. However, we still do not know whether the 75kg of wood added by our trees are a high or a low value judged from a long-term perspective. To find this out, we should determine the mass of the leaves shed in autum for a number of years.

Another standard of comparison is the "basal area increment" (BAI), the yearly increase of the area of the cross-section of the trunks 1.3m above the ground. During the seven years of observation, the annual increases per tree varied from about 5cm² to about 100cm², with most of the values lying around 30cm² (Norby, Loader e.a. 2024: 985, 989). The average tree on the city property gains 107kg wood per year. This corresponds to an increase in volume of $107kg/(900kg/m^3)=0.12m^3$, if a density of $900kg/m^3$ is assumed. With a mean height of 16m and a mean radius of 0.28m, a mean thickness d_J of the tree ring can be calculated (see figure 3 in section D). The layer of wood added per year approximately has the volume $2*3.14*0.28m*16m*d_J=0.12m^3$. This yields $d_J=4.3mm$. Therefore, the area of the cross-section of the layer of wood added is $2*3.14*0.28m*4.3mm=6.28*28cm*0.43cm=76cm^2$. This value is within the range reported for the oak trees, but near the upper limit and more than twice as big as the typical value determined for most of the oak trees ($76cm^2/30cm^2=2.5$). As the oak trees are 1.6 times as high as the city trees, the increase in volume of the city trees is about a factor of 4 higher per 1m of trunk length, close to the factor of 4.8 found above. This standard of comparison, the basal area increment, also shows the difference between the 180-year-old oak trees and the60-year-old city trees. As a result, we have quantitatively understood the data reported in the scientific publication. Further comparisons do not make sense, because the 76cm² is a somewhat artificial mean value across the entire height of the average city tree and not a specific value at 1.3m above the ground.

Per square metre of forest and year, the oak trees without additional CO_2 shed between 291g and 358g of leaves (Norby, Loader e.a. 2024: 985, 986). For our city trees, the figure is 420g/m² (see above). This value is not far above the highest value reported for the oak trees. The values quoted in the literature are 390g/m² for 85-year-old beech trees and 350g/m² for oak trees of unspecified age (Jordan 1971: 428). The somewhat smaller production of leaves reported for the oak trees in comparison with beech trees does not seem to be unusual. Thus, with respect of the mass of leaves shed per year and square metre of land, the oak trees in the forest and the trees on the city property are roughly comparable.

If you consider the yearly increase in wood mass in relation to the available area of land, a similar impression arises. This point of view should be preferred, because the deposition of nitrogen (as ammonia and nitrate) and the availability of water are the most important factors which limit growth (Schulze 1989; Higgins, Conradi & Muhuko 2023: 147). These factors depend on the average area of land available to a tree and not on the height of the tree. The oak trees without additional CO_2 showed an addition of wood ("Net primary productivity") in grams of dry mass per square metre of land in their trunks and branches ("bole + branch") of $(755 \pm 95)\,g/m^2$ in the year 2021 and of $(534 \pm 67)\,g/m^2$ in the year 2022 (Norby, Loader e.a. 2024: 986). For the city trees we obtain $(75kg*22)/(3000m^2)=(1650kg)/(3000m^2)=550g/m^2$ from our data above. Within the uncertainty stated, this is as good a value as the value reported for the oak tress in a bad year. We should therefore base the assessment of our city trees on the mass of the leaves shed in a number of years. Additionally, it needs to be checked whether my estimate of $3000m^2$ for the area available to the city trees is sufficiently accurate.

4 What is the point of our calculations?

This treatise provides at least seven general insights. Firstly, using the example of the number of leaves on a tree, this treatise shows how a small number of simple aasumptions and simple calculations lead to cstimatcs which can bc used to check more complicated calculations. The estimates obtained with the help of three different methods differ by a maximum of 10%. Secondly, this treatise shows how you can find out the approximate uncertainty of estimates. Thirdly, this treatise shows how you can check such estimates by adducing data from scientific publications. Fourthly, this treatise yields an assessment of the health of the trees on the city property. The trees shd as many leaves in autumn as can be expected from beech trees according to data derived from the scientific lierature. Therefore, the trees on the city property get enough light, enough water and enough nutrients. Fifthly, with the help of our data obtained for the city trees, we can understand a new scientific publication more thoroughly. Sixthly, this treatise shows in an exemplary fashion how you can avoid the bad practice of isolated figures occurring in textbooks for school and university. We relate reports about old and new scientific findings to similar findings obtained from our everyday experience. In a similar way, the authors of textbooks could react to the criticism expressed by Harvard professor David Perkins. He complains about the "disconnected information" (Perkins 2008: 33) science textbooks contain. If the authors of these textbooks lack the time to provide the required connections, they can read in this treatise who could be commissioned to do the job. Seventh, this treatise is another case study of the methods and benefits of quantitative thinking in the style of my book "Handbook of Quantitative Thinking" Kage 2024).

D Abbildungen / Figures

Abbildung 1 / Figure 1 (oben / above):
Der Lastkraftwagen, mit dem im Herbst 2024 das abgeworfene Laub abtransportiert wurde (Aufnahme von Sixtus Kage) / The truck which was used to remove the leaves shed by the trees in autumn 2024 (photo taken by Sixtus Kage)

Abbildung 2 / Figure 2 (rechts / right):
Die Buche, welche gemäß geschätztem Holzvolumen als mittlere Buche auf dem betrachteten Grundstück angesehen wird. (Aufnahme von Sixtus Kage)
The beech tree which is regarded to be the average tree on the property according to the estimated volume of wood (photo taken by Sixtus Kage)

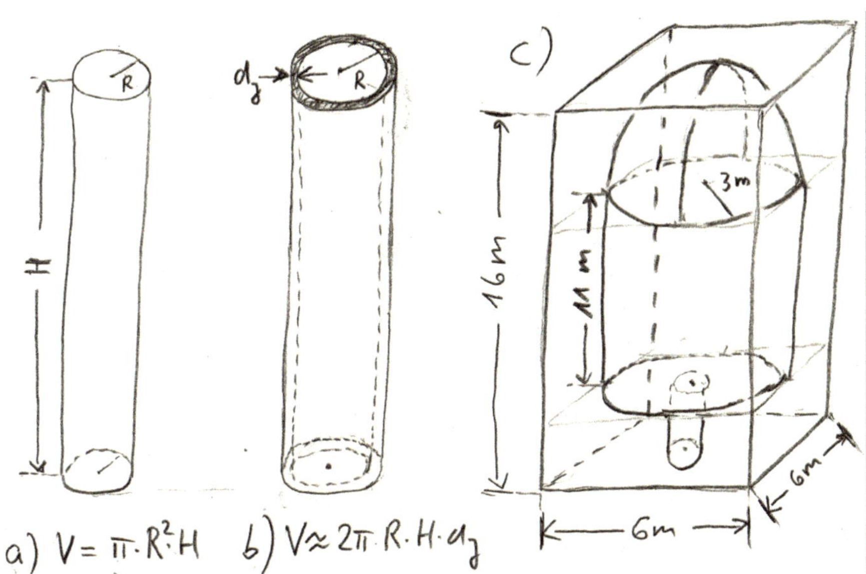

Abbildung 3 / Figure 3 (sketch drawn by Sixtus Kage):
a) Holzvolumen des durchschnittlichen Baumes als Zylinder modelliert / Volume of the wood of the average tree modelled as a cylinder b) Volumen des jährlichen Holzzuwachses als dünnwandiger Hohlzylinder modelliert / Volume of the wood added in a year modelled as a thin cylindrical shell c) Zwei Arten, das Laubdach des mittleren Baumes zu modellieren / Two ways of modelling the canopy of leaves of the average tree

E Literaturverzeichnis / Bibliography

Bar-On, Yinon M. & Milo, Ron (2019): The global mass and average rate of rubisco. PNAS 116 (10): 4738-4743

Bar-On, Yinon M.; Phillips, Rob & Milo, Ron (2018): The biomass distribution on Earth. PNAS 115 (25): 6506-6511

Bennedsen, Mikkel; Hillebrand, Eric; Koopman, Siem Jan (2024): A regression-based approach to the CO_2 airborne fraction. Nature Communications, Vol. 15, article number 8507

Campbell, Neil A.; Reece, Jane B. & Mitchell, Lawrence G. (1999): Biology. Fifth Edition. Menlo Park, California: Addison-Wesley

Czihak, G.; Langer, H. & Ziegler, H. (Hrsg.) (1990): Biologie. Ein Lehrbuch. Vierte, neu bearbeitete und erweiterte Auflage. Berlin, Springer.

Flindt, Rainer (2003): Biologie in Zahlen: Eine Datensammlung in Tabellen mit über 10000 Einzelwerten. 6. Auflage. Heidelberg: Spektrum Akademischer Verlag GmbH

Flindt, Rainer (2006): Amazing Numbers in Biology. Translated by Neil Solomon. Berlin: Springer

Fricke, Jochen & Borst, Walter L. (2013): Essentials of Energy Technology. Sources, Transport, Storage, and Conservation. Weinheim: Wiley-VCH

Frisch, Marion (2016): Statistisches Jahrbuch für Bayern 2016. Fürth, Bayern: Bayerisches Landesamt für Statistik

Giancoli, Douglas C. (2019): Physik. 4., aktualisierte Auflage. Hallbergmoos: Pearson

Giancoli, Douglas C. (2023): Physics for Scientists and Engineers with Modern Physics. 5th Edition. Harlow, Essex, UK: Pearson Education Limited.

Gilg, Andreas; Kleine, Michael; Weixler, Patricia; Weixler, Simon (2017): Mathe.Logo 5. Realschule Bayern. Bamberg: C.C: Buchner Verlag

Higgins, Steven I.; Conradi, Timo & Muhuko, Edward (2023): Shifts in vegetation activity of terrestrial ecosystems attributable to climate trends. Nature Geoscience 16: 147-153

Hughes, Ifan G.; Hase, Thomas P. A. (2010): Measurements and their uncertainties. A practical guide to modern error analysis. Oxford: Oxford University Press

Jordan, Carl F. (1971): A World Pattern of Plant Energetics: Studies of the productive potential of natural ecosystems yield insight into how plants use solar energy and how world patterns of energy use have evolved. American Scientist, Vol. 59, No. 4, 425-433

Kage, Sixtus (2024): Handbook of Quantitative Thinking. First Edition. Norderstedt: BoD

Mahajan, Sanjoy (2010): Street-Fighting Mathematics. The Art of Educated Guessing and Opportunistic Problem Solving. Cambridge, Massachusetts: The MIT Press

Mende, Dietmar; Simon, Günter (2016): Physik. Gleichungen und Tabellen. 17., aktualisierte Auflage. Leipzig: Fachbuchverlag Leipzig im Carl Hanser Verlag

Morrison, Philip (1963): Fermi Questions. American Journal of Physics, Vol. 31, 626-627

Norby, Richard J.; Neil J. Loader, Carolina Mayoral, Sami Ullah, Giulio Curioni, Andy R. Smith, Michaela K. Reay, Klaske van Wijngaarden, Muhammad Shoaib Amjad, Deanne Brettle, Martha E. Crockatt, Gael Denny, Robert T. Grzesik, R. Liz Hamilton, Kris M. Hart, Iain P. Hartley, Alan G. Jones, Angeliki Kourmouli, Joshua R. Larsen, Zongbo Shi, Rick M. Thomas & A. Robert MacKenzie (2024): Enhanced woody biomass production in a mature temperate forest under elevated CO_2. Nature Climate Change, Vol.14, 983–988

Perkins, David (2008): Smart Schools: From Training Memories to Educating Minds. New York: Free Press.

Pommeranz, Hans-Peter (2016): Fermi-Aufgaben. Problemorientierte Aufgaben für den Physik-Unterricht. Freising: Stark-Verlagsgesellschaft

Schulze, E.-D. (1989): Air Pollution and Forst Decline in a Spruce (Picea abies) Forest. Science 244 (No. 4906): 776-783

Smil, Vaclav (2008): Energy in Nature and Society. General Energetics of Complex Systems. Cambridge, Massachusetts: The MIT Press

Swartz, Clifford (2003): Back-of-the-Envelope Physics. Baltimore: The Johns Hopkins University Press

Topping, James (1963): Errors of Observation and their Treatment. Third Edition. London: Chapman and Hall

Topping, James (1975): Fehlerrechnung. Übersetzt von Jochen Schwarze unter Mitarbeit von Peter Erven. Weinheim: Physik Verlag

Weinstein, Lawrence (2012): Guesstimation 2.0. Solving Today's Problems on the Back of a Napkin. Princeton: Princeton University Press.

Weinstein, Lawrence & Adam, John A. (2008): Guesstimation: solving the world's problems on the back of a cocktail napkin. Princeton: Princeton University Press.

F Klappentext / Blurb

<u>In diesem Büchlein</u> wird mit drei verschiedenen Methoden die Zahl der Blätter von Bäumen auf einem Stadtgrundstück abgeschätzt. Dabei wird auch die Unsicherheit der Schätzwerte angegeben. Zusätzlich werden die Ergebnisse genutzt, um eine neue Forschungsarbeit über die Auswirkung des Klimawandels auf das Baumwachstum verstehen zu können. Das Büchlein zeigt den Stil der praxisnahen Übungsaufgaben, die der Autor beim Nachhilfeunterricht in Mathematik, Physik, Ingenieurwissenschaften und verwandten Fächer gestellt hat.
<u>In this booklet</u>, three different methods are used to estimate the number of leaves of trees on a city property. The uncertainty of the estimates is also stated. Additionally, the results are used to understand a new research article on the effect of climate change on the growth of trees. This booklet shows the style of the real-life problems the author has used in tutoring session in mathematics, physics, engineering and related subjects.

<u>Der Autor:</u> Sixtus Kage hat Universitätsabschlüsse in Physik und Psycholinguistik. Er hat jahrzehntelang Nachilfeunterricht erteilt zur Vorbereitung auf das Abitur, das International Bacclaureate IB und auf Prüfungen an Universitäten in Deutschland, England, Italien, der Schweiz und den USA. Der Autor hat auch Unterstützung bei der Vorbereitung und Auswertung wissenschaftlicher Arbeiten gegeben. Sixtus Kage schreibt Satiren und humoristische Gedichte auf Englisch, Deutsch und gelegentlich Latein.
<u>The author:</u> Sixtus Kage holds university degrees in physics and psycholinguistics. For decades, he has tutored students preparing for the Abitur, for the International Baccalaureate IB, and for university exams in Germany, England, Switzerland, Italy, and the USA. The author has also provided support in the preparation and evaluation of research projects. Sixtus Kage writes satires and humorous poems in English, German and, occasionally, Latin.

<u>Das Foto (aufgenommen von Sixtus Kage) zeigt den Autor auf dem Weg zu seiner Lieblingsbibliothek in München.</u>
<u>The photo (taken by Sixtus Kage) shows the author on his way to his favourite library in Munich.</u>

<u>Stichwörter / Keywords:</u> Fermi-Frage, Fermi question, back-of-the-envelope estimate, Forstwissenschaft, forestry, Baumwachstum, tree growth